THE FAMOUS DESIGN

一册在手，跟定百位顶尖设计师！家装设计的创意宝典

不可不看的家装风格大全

田园乡村

ming jia she ji

本书编委会·编

中国林业出版社
China Forestry Publishing House

图书在版编目（CIP）数据

名家设计样板房. 田园乡村 /《名家设计样板房》编写委员会编. -- 北京 : 中国林业出版社, 2014.3
ISBN 978-7-5038-7412-3

Ⅰ. ①名… Ⅱ. ①名… Ⅲ. ①住宅－室内装饰设计－图集 Ⅳ. ①TU241-64

中国版本图书馆CIP数据核字(2014)第047982号

策　　划：金堂奖出版中心
编写成员：张寒隽　张　岩　鲁晓辰　谭金良　瞿铁奇　朱　武　谭慧敏　邓慧英
陈　婧　张文媛　陆　露　何海珍　刘　婕　夏　雪　王　娟　黄　丽

中国林业出版社·建筑与家居出版中心
策　　划：纪　亮
责任编辑：李丝丝
文字编辑：王思源

出版：中国林业出版社（100009 北京西城区德内大街刘海胡同7号）
网站：http://lycb.forestry.gov.cn
E-mail：cfphz@public.bta.net.cn
印刷：北京利丰雅高长城印刷有限公司
发行：中国林业出版社
电话：（010）8322 5283
版次：2014年5月第1版
印次：2014年5月第1次
开本：1/16
印张：10
字数：100 千字
定价：39.80 元

THE FAMOUS DESIGN

一册在手，跟定百位顶尖设计师！家装设计的创意宝典

不可不看的家装风格大全

田园乡村

ming jia she ji

太湖天阕

Suzhou Taihu Day

项目名称：太湖天阕 / 项目地点：苏州环太湖大道 / 主案设计：陈洁 / 设计公司：上海筑木空间设计装饰有限公司
项目面积：660平方米 / 主要材料：木地板，大理石，仿古砖，花砖，马赛克，新西兰羊毛地毯，橡木实木

- 惊艳、震荡，如置身室外桃源
- 欧式乡村和现代风格和谐的统一
- 地下室采用开放空间，地面采用仿古砖

记得第一次到太湖天阕，因由无锡工地赶至，比约定时间略早，故在地库的车中小憩。醒来，独自一人，由地库楼梯拾级而上，在见到客厅那一刹那的惊艳、震荡，那如置身室外桃源的感受，至今仍记忆犹新——这是此生在国内见过的最美的别墅，即便因此会有被说成井底之蛙的嫌疑。

度假别墅生活化。整套作品融合了欧式乡村和现代风格和谐的统一。

二楼主卧里面加盖了一个楼中楼的自己的小书房。地下室采用开放空间及地面采用仿古砖 。

PUBLIC TELEPHONE
5

CATHY

花好月圆曲

Elixir of Love

项目名称：花好月圆曲 / 项目地点：陕西西安 / 主案设计：刘卫军 / 项目面积：250平方米

- 以欧式乡村风格为基调，营造闲适、惬意的空间
- 空间布局主要以家庭生活为导向，突出别墅家庭生活的私密性和多元化
- 材料的选择上以朴质，自然和舒适为最高原则

此别墅样板房位于西安阳光城上林赋苑，叠拼上户户型，建筑风格以欧式风情为主，室内风格以风情、休闲、度假理念为主。家庭结构为夫妻加两个小孩，两夫妻都是外籍人士，常驻西安，希望拥有一处交通便利，离尘不离城的别墅，阳光、热情、有梦想是全家人的生活指向，异国故乡的风情更是主人的生活品位指向。

以欧式乡村风格为基调，取花好月圆曲作为空间意向，旨在营造出空间的闲适，惬意，突出乡村环境的恬淡与美好。以一种充满四季轮回的色彩表情，表述人与自然结合的关系，一份迷恋，一份关怀，让岁月在自然中温馨妩媚地流淌着光辉。乡村田园式的居住环境让人们充满了罗曼蒂克向往的生活。

空间布局主要以家庭生活为导向，突出别墅家庭生活的私密性和多元化。设置在三层客厅边的小会客厅，用于接待来访的朋友，与客厅产生联系又是独立的，具有别墅空间的尺度优势和私密感。四层由原来的两个卧室规划出三个卧室空间，满足了家庭成员的空间需求。五层阁楼作为别墅特有的空间，多元化的生活在此得到很好的体现，设置有酒窖、雪茄收藏室、影视室、儿童玩乐区、儿童手工制作室。

Peppers

材料的选择上以朴质，自然和舒适为最高原则。运用了大面积的砖，自然的木纹，绿色的墙纸，蓝色的拼花马赛克，方格和小碎花的布艺等。在色彩的选择上自然清新，色彩饱和艳丽，很好地融合了乡村田园的气息，加入一些小碎花，铁艺，陶瓷制品和随处可见的绿色植物都体现着乡村风格的自然和惬意，很好地突显了“花好月圆曲”的空间意向。一阵清新自然的生活趣味弥漫在空间的每一个细节中。

清新浪漫

Fresh and Romantic

项目名称：清新浪漫 / 项目地点：北京 / 主案设计：史湛铭 / 项目面积：600平方米

- 布局规整有序，动静分区明确
- 选材自然、个性、品质、环保
- 家具布置与空间密切配合，富有时代感和整体美

本案经典的传递出纯粹而浪漫的自然田园风情，满足了人们细腻，温婉的情感需要。

本案属远离城市喧嚣的度假型别墅，以舒适田园风格为主线的空间，点缀了一些精致典雅的时尚元素。

布局规整有序，动静分区明确，娱乐空间，生活空间贯穿联系脉络清晰，空间的私密性和连贯性都得到了很好的诠释。

自然，个性，品质，环保是选材方案的亮点，家具布置与空间密切配合，使室内布置连贯，有序，富有时代感和整体美。

西溪山庄

Xixi Resort

项目名称：西溪山庄 / 项目地点：浙江杭州 / 主案设计：管杰 / 项目面积：420平方米

- 灯光氛围设计围绕雅致时尚主题
- 空间充分利用，并满足个人生活方式
- 材质选择上用色彩涂料及环保壁纸，局部以大理石贯穿，木头墙板为辅助

此项目的空间设计让居住在不同空间的人都能享受的自己所需的环境功能，标准的中国家庭架构，气氛浓郁，舒适闲暇，用餐，娱乐，休闲，放松，恢复，学习，休息，迎客，健身等等，每天的生活在为其量身打造的空间度过，也改变了原先家庭成员的生活方式，更突出了家的大爱。

灯光氛围为设计重点，围绕雅致时尚主题，氛围灯光辅助主灯光，主光的营造以泛光源为主，空间局部功能突出氛围灯，以落地灯与壁灯为主导，为满足整个大宅不同生活方式下的不同氛围，将智能环境光源设计在此大宅中。

此项目为420平方米的城市联排别墅，满足五口之家个人不同生活方式的同时，又增大了地下室的空间，添置工人房，储物间，客房，休闲娱乐空间。美式建筑的结构限制了室内的采光面积，故把一层的公共空间完全打开，让整个一层空间更开阔，厨房与餐厅处在同一空间中，通过多功能吧台的分隔，使得两者空间共同，功能独立，完善了多个家庭成员的使用功能。二层空间突出了一个家庭起居室，兼水吧及书房的功能，满足在主人私密生活的空间丰富生活方式；三层主要是家庭主人空间，把原有的楼道空间利用，满足了衣帽间，独立大卫生间及学习休闲空间的所有功能，当然休息空间也加强了舒适度。

从与主人沟通到分析，进而设计施工完善，突出的主题是雅致简约，又有都市时尚氛围，中西合璧的生活方式是主导，强调低调奢华，故而在材质选择上用色彩涂料及环保壁纸，局部以大理石贯穿，木头墙板为辅助，打造整个整体舒适大宅。

花园城

Garden City

项目名称：花园城 / 项目地点：重庆北部新区 / 主案设计：谭琅 / 项目面积：248平方米

- 东西方文化混搭融合，令空间氛围耐人寻味
- 色彩的大胆运用，空间整体氛围亲切热烈

开发商对于整个楼盘的定位是要展现一个本案将风格定位为美式南加州风格，中式语汇经过提炼与南加州特有的门拱倒角形式结合，形成本案特有的装饰元素，异域风情因民族风而更显亲切，东西方文化的混搭融合,令空间氛围耐人寻味。

由玄关进入餐厅，我们垫高了楼上的架空层让楼上空间形成榻榻米，从而提升了餐厅的层高，同时在天棚上采用实木假梁加精致的描金梁托，用个性化奢侈的手法来描述南加州风格中自然而精致的元素，提升了空间的品质。我们采用了半弧形的天棚和半圆形假梁来减少空间的盒子感，增加空间的结构感；同时在四周增加造型圆窗，来弥补现代建筑的方正严肃以融合南加州的拱弧随意。沿楼梯至二层后楼梯口较为拥挤，设计上把书房设计为内开式双开门，让空间变得宽敞。

质地光滑的肌理涂料、手工仿古陶瓷地砖、大胆的色彩运用，空间整体氛围亲切热烈。

轻松的郊外出游

Easy Travel

项目名称：轻松的郊外出游 / 项目地点：湖南长沙市 / 主案设计：罗泽 / 项目面积：135平方米

- 墙面全做仿旧处理，经得起时间琢磨
- 摆设选用古朴自然，整体氛围和谐

自然，放松的生活环境。本案给业主营造一种质朴、自然的舒适生活。

墙面全做仿旧处理，呈现一种自然朴实的感觉，经得起时间琢磨。

拱门和铁艺窗子的搭配，绿植点缀在窗户的下方，呈现出乡村郊外的舒适感，

长草的房间

Grass Growing

项目名称：长草的房间 / 项目地点：湖南长沙市 / 主案设计：易文韬 / 项目面积：480平方米

- 摒弃繁琐无谓的造型，用造型进行方向的暗示性指引
- 局部用对比色和对比材质提亮空间，打破沉闷感
- 各个局部加强关联性，让空间不会大而空洞

因为业主也是年轻人，定位乡村风格，但需要从空间入手，摒弃繁琐无谓的造型。

用造型进行方向的暗示性指引。用整体的色调进行整体的空间定位和色彩定位。

局部用对比色和对比材质提亮空间打破沉闷感。各个局部加强关联性，让空间不会大而空洞。

软装饰部分，一张“长草”的地毯，一棵开花的树，一盏玲珑的灯，一面碎花的墙，处处透着小惊喜。

让心灵去放牧

Let the Mind to Grazing

项目名称：让心灵去放牧 / 项目地点：湖南省长沙市 / 主案设计：杨欣淇
项目面积：137平方米 / 主要材料：奥松板，雕花，水曲柳

- 家具摆设随性自然，表现一种不一样的慵懒舒适生活
- 功能分区打破传统隔断，化为无形
- 用最基本的材料打造小众视觉

业主是一位从事金融行业的银行家，工作严谨而忙碌，期望走进家门能卸下都市风尘感受到轻盈自然的气息，立马转换成远离喧嚣的质朴生活！

谁说厨房就该封闭，谁说餐桌就该有四肢，谁说沙发就该是一种材质，谁说精致时尚不能和原始粗犷碰撞——原来这种不一样造就的就是这样慵懒随性的慢生活！

无形的功能分区靠的不是死板隔断，行走路线可以是环绕式的，书吧在客厅一角，形成丰富多姿的家庭公共空间！

红砖，水泥，石板，包容简洁的木质桌椅及各种形态的沙发组合，没有昂贵的吊灯，没有奢侈的装饰，没有华丽的家品，用最基本的材料，最基本表情打造小众视觉！

秘密花园

Secret Garden

项目名称：秘密花园 / 项目地点：宁波江北日湖花园 / 主案设计：任朝峰
项目面积：142平方米 / 主要材料：蜥蜴瓷砖，美标洁具

- 风格上融合了更多与生活相关的可能性
- 空间布局力求精致
- 选择相对成熟的材料，体现材料本身质感和新的使用方式

在相对预算的控制前提下，更好地突出业主本身家庭的特点为前提。在风格上融合了更多的可能性，并搜索这个可能性与生活的关系。

空间布局上更多考虑其内在生活品质，不追求空间的大，而是追求一种精致的空间。在材料上采用相对成熟的材料，更多体现材料本身的质感，和新的使用方式。

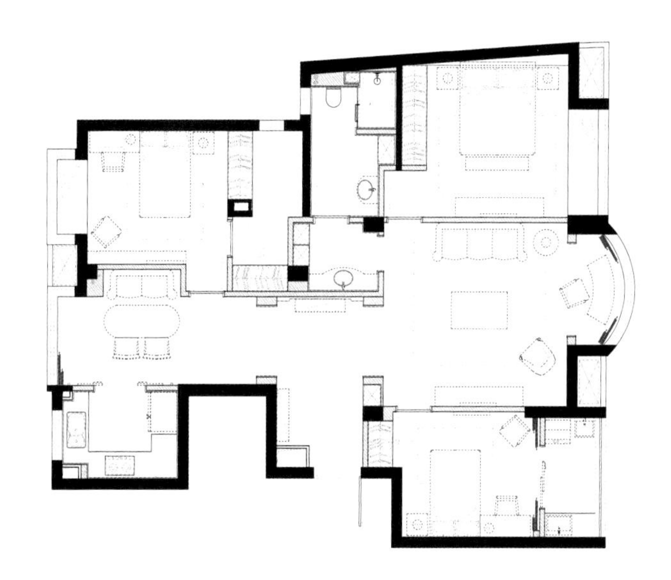

一层平面图

白色蒲公英
White Dandelion

项目名称：白色蒲公英 / 项目地点：上海 闵行区 / 主案设计：朱国庆 / 项目面积：100平方米

- 整体设计风格简约但不简单，年轻时尚
- 细节摆设处处考究，体现不经意的时尚之美

业主是80后，父母就住在同一个小区，一般都在父母家吃饭，所以对厨房和餐厅要求不高。现代和田园元素混搭。布局宽敞简洁，大方简洁。

厨房整体风格为现代风，而且是开放式，整体视觉空间显得很宽敞。吧台式餐桌为现代年轻人的时尚之选。白色的厨房设计简洁却不简单，清爽又不失时尚感。

客厅的设计时尚大气，色调温馨自然。电视背景墙的简易设计正是契合主题，干净清爽，电视下面没有做一个电视柜，但是整体的造型简易的流线线条也多了一份柔美，突出的小造型刚好放置物品，电视柜区别以往的老式造型。

主人卧室80后的小空间，酷感十足。虽然简单但是绝对不会单调。

藏馆

Gallery

项目名称：藏馆 / 项目地点：浙江温州市 / 主案设计：曾建龙 / 项目面积：94平方米 / 主要材料：仿古砖，涂料，鸡翅木

- 应用当代东方设计语言来进行空间的表现
- 通过线、面的关系进行空间结构塑造，传递空间的艺术气息以表达品味
- 机理木材选择鸡翅木为主饰面板，更好地表现出收藏品的质感

这个上堡藏馆以收藏紫砂壶为主，同时又带有茶道文化的气氛，主人希望通过这个平台能结识一些志同道合的人群一起来玩壶，做到以茶会友，以壶谈论人生。

设计应用了当代东方设计语言来进行空间的表现，在空间里设计了两个功能空间，公共大厅展示区以及两个包间。

设计通过线、面的关系来进行空间结构塑造，从而传递了空间的艺术气息以品味表达，同时代表设计师用一种简单方式来解读当代东方文化的语言。

空间的主调以黑白为主色系，在机理木材选择鸡翅木为主饰面板，这样可以更好地表现出收藏品的质感。东方文化浓重，整体空间突出以茶会友特色。

平层大变身

Flat Floor Makeovers

项目名称：平层大变身 / 项目地点：浙江温州市 / 主案设计：陈砚茫 / 项目面积：230平方米

- 中央新风系统的设置，使白天晚上都能呼吸到室外新鲜空气
- 空间划分理性，楼上楼下功能分明
- 整体风格大方稳重，内敛低调

对空间理性的取舍所以才有了高楼中的跃层，且父母与子女间都拥有功能齐备并相对独立的生活区域。

因为套房靠近路边，灰尘和噪音都比较厉害，因此窗户一般都是关闭的，考虑这点，我们在整个套房内做了一套中央新风系统，不论是白天或夜晚在封闭的空间内我们都能呼吸道室外新鲜的空气。

对内对外的空间划分十分理性，因为是两间套房，平时客户主要活动区域都在楼上一层，楼下的功能主要是对外的，和女儿偶尔回来住。这样的布局打破了以往的客餐厅在一个层面上的惯例。

设计在大理石的做法上运用了很多新型的加工方式，比地面的拼花，色调分明，干脆利落，不失石材的庄重豪华又显年轻态。客厅的弧形墙体我们运用沙雕画的做法，既使客厅空间拉大，又是来往之间的景色所在。

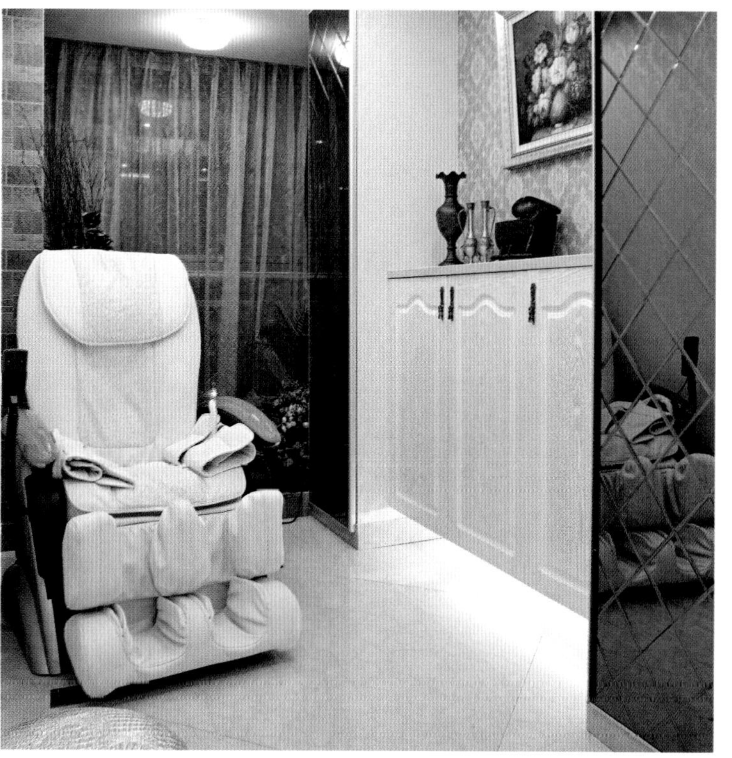

重现“黄金年代”

Reproduce the "Golden Age"

项目名称：重现“黄金年代” / 项目地点：上海 / 主案设计：Enrico Taranta / 项目面积：约1000平方米

- 环境设计整体简洁大方，点缀一些欧式元素
- 空间布局结合高端定位及功能需求
- 选材修旧如旧，让新材料承载历史的记忆

洛克菲勒别墅有其独特的历史背景，作为美国石油大亨曾经为招待名流的家庭别墅，解放后又作为南京路上好八连的营部办公地，而如今私营业主将它租下，希望恢复其原本的奢华，使其作为一间高档的私人会所重新投入使用，让当今的人们可以在重温上海上世纪“黄金年代”的高贵、典雅风格的同时，感受当时的奢华生活方式，回味过往纷繁的历史岁月。

洛克菲勒别墅因其本身的故事，以及地处上海愚园路这样的黄金地段，以及高端私人会所的稀缺性，它被定位于提供高品质服务、精致用餐环境的奢华会所。为那些重视用餐环境、希望在私密、高雅的套房中进行商务宴请、亲友相聚的人士提供一个符合其身份、生活品质的聚会交流场所。

也正因为其历史积淀，使其恢复昔日的辉煌是设计策划时考虑的重中之重。

环境设计整体非常简洁，点缀了一些欧式元素，主要从两方面考虑。一、建筑本身是主角，需要一定的空间展示；二、项目运营空间的考虑，室内外的空间结合起来运营能够应对不同需求的活动主题，例如小型开幕活动，草坪婚礼等。

空间布局的考虑是从高端定位及功能需求想结合来考虑的，公共部分更多考虑营造曾经那段“黄金年代”历史的氛围，私密空间会在此基础上考虑现实运营的一些功能需求。同时也有些空间的改造，比如后勤通道的设置，让别墅内部运营系统更加高效。

选材最大的难点在于很多材料已经不生产了，很难在保留和翻修的部分找到一种平衡，所以我们只能从遗留下来的一些材料线索去搜寻相近的，更加环保，持久的材料，尽可能做到修旧如旧，也更加耐用持久，让新材料去承载那段历史的记忆。

麓山恋

Lushan Love

项目名称：麓山恋 / 项目地点：湖南长沙 / 主案设计：王兴 / 项目面积：360平方米

- 材料、装饰和色彩的选择，处处体现天人合一的思想
- 整体设计简约中透出一种自然旷野的逍遥，清新和舒适

在岳麓山中，有很多绿茵茵的大树，有泉水叮咚，有奇山异石，没有任何污染，没有任何修饰，到处都是人们向往的自然的味道。

没有华丽的装饰，没有炫目的灯光，却充斥着满是情感的气味，用石砖，用原木，用宽敞的落地玻璃与温和的灯光体现着粗旷与柔美，只为了寻求最原始最真实的自己，寻求记忆里那一丝最永恒的情感回归。

无论是粗旷的水泥砖，简单的绿色植物，有着独特意境的实木空间，还是时尚却精致典雅的金属饰物，或者颇具质感的皮革沙发等等，简洁的材料，从落地玻璃透出的大片景观植物，明快的色调，无一不体现出中国古典哲学中天人合一的思想。

客户是一个交友甚多，颇具“江湖气息”的人，注重友情讲义气的他很有原则，是个很真实的人，也许正因为个性的这种洒脱，他有些粗旷，有些张扬，也喜欢户外的放肆与新奇，对于他的家，他希望能回归自然，回归真实，他期望能在这样的房子里与他的家人永远住下去。所以，在设计中，更多的提炼了符合他个性与喜好的元素：原始的实木，粗旷的水泥空心砖，简洁的灰色水泥自流平地面，野性十足但细腻耐久的皮革，来打造一个简约中透出一种自然旷野的逍遥，清新，舒适的家。

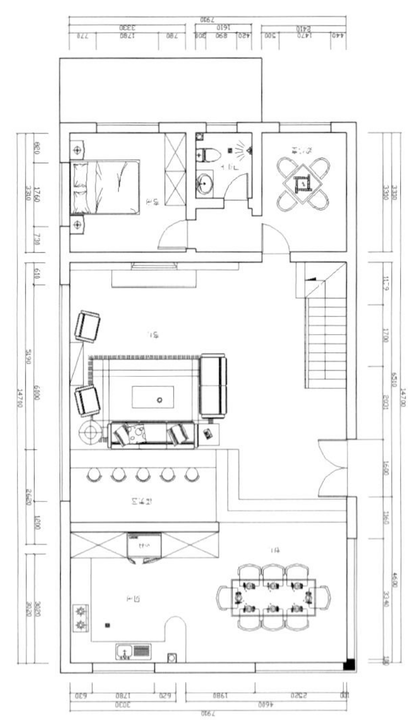

一层平面图

U空间
U Space

项目名称：u空间 / 项目地点：浙江杭州市 / 主案设计：朱赞浩 / 项目面积：368平方米

- 主题风格与建筑风格相结合，体现新古典与乡村的结合
- 合适的形式表达人在该产品中理想的生存状态和氛围

给顾客装修的风格定位是新古典和乡村主义风格。

所谓风格，即不同的民族在特定的地理环境和历史发展进程中形成的独特形式，这种形式反过来表达某种情绪和氛围。

针对客户的情况，强调舒适感和价值感，主题风格与建筑风格相结合，体现新古典与乡村的结合。

选择合适的形式以表达人在该产品中的理想的生存状态和氛围。

让客户对家有一个直观的感觉和印象，很满意。

SONY

NEW YORK

花香流域

Flower Bay

项目名称：花香流域 / 项目地点：上海市浦东新区 / 主案设计：吴滨 / 设计公司：W. DESIGN香港无间建筑设计有限公司
项目面积：186平方米 / 主要材料：莎安娜米黄大理石，霸王花灰色大理石，手工地毯，手绘壁纸，桃花芯木，车边银镜，贝壳，水晶

- 整体设计精致奢华，古典与时尚融合恰到好处
- 浪漫华丽的生活气息寓意于城市住宅概念
- 色彩搭配展现欧洲贵族精致生活

本案精致奢华与隽力清雅，古典与时尚融合的恰到好处。

意味着高雅奢华的摩纳哥公国，浪漫华丽的生活气息被设计师巧妙寓意于城市住宅概念，用三室两厅的空间还原出欧洲贵族的精致生活。

仿古花园
Antique Garden

项目名称：仿古花园 / 项目地点：浙江台州市 / 主案设计：祝建深 / 项目面积：300平方米

- 强调美式家居的便捷、随意、休闲，不做无所谓的装点
- 材料选择仿旧仿古系列，体现文化积淀
- 家具陈列选择强调整体风格的统一、大气、随意、轻松

本案建筑面积300平方米，共两层，是独栋别墅，带南北室外花园，是专为成功且品位优雅的人士量身定做的。

此案的空间定为美式风格。便捷、随意、休闲时美式家居最为强调的，因此整个环境不做刻意卖弄性的无所谓的装点，强调的是交通流线的合理，起居休闲的舒适与和谐，功能布置的实用与方便。

为了提炼出整个空间层次与文化积淀，纵览整个别墅，饰面板，窗帘布艺，墙纸起了不可忽视的作用，其自身独特的花纹为这个以美式定义的空间增添了浪漫、个性、舒适、大气的视觉美感。

用材上考虑的都是仿旧仿古系列。在家具陈列选择上强调整体风格的统一、大气、随意、轻松。每个个体家具表现出来的气质同样非常独到，同时也非常配合地表现出怀旧与人文传承的个性。

美式怀旧

American Nostalgia

项目名称：美式怀旧 / 项目地点：上海松江区 / 主案设计：应海洋 / 项目面积：335平方米

- 室内设计遵循外观设计，独具一格
- 拱形设计将空间分布的清晰合理，功能齐全
- 选材、家具陈列的选择上强调整体风格的统一，呈现出美式的家居风格

温馨舒适的居家风格，怀旧经典的人文关怀。

整个小区外立面都是美式南加州风格，室内设计遵循外观设计，独具一格。拱形设计将空间分布得清晰合理，功能齐全。

选材、家具陈列的选择上都强调整体风格的统一，非常配合地呈现出美式的家居风格。

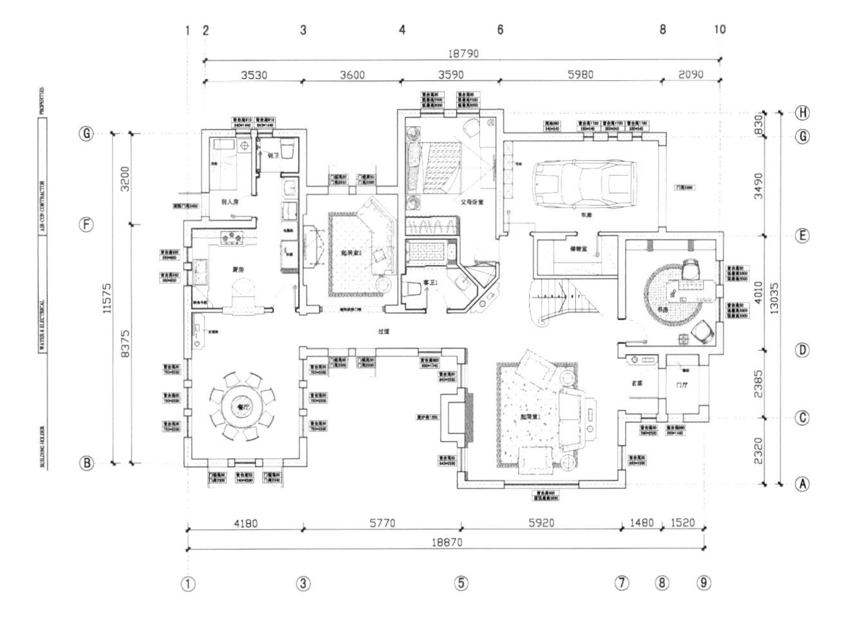

一层平面图

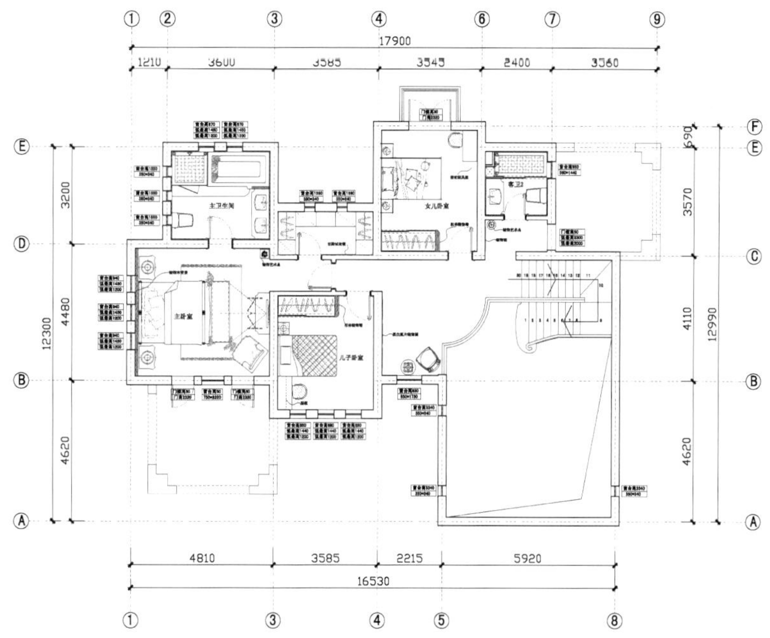
17900
1210
3600
3585
3545
2400
3560
3200
4480
12300
4620
3570
4110
12990
4810
3585
2215
5920
16530

二层平面图

探索生活乐趣

Explore the Joys of Life

项目名称：探索生活乐趣 / 项目地点：四川成都 / 主案设计：余颢凌 / 项目面积：330平方米

- 室内室外高度融合，尽可能地将户外美景延伸到室内
- 极致空间应用，将功能发挥到极致
- 主材选择及家具陈设纯粹地表达出材质质感

先家具后设计

在设计落地之前就将家具和陈设品选定，所以很快也很直接就做好了该案例的设计定位。

尊重自然、尊重环境

设计师在做该案例的时候尽可能将户外的美丽景色延伸到室内，做到室内室外的高度融合，为业主提供一个能够自然深呼吸的家。

极致空间应用与设计理念的统一

结合业主的需求以及现有户型的特点，设计师将整套案例的功能化发挥到了极致，地下室单层100平方米的空间里，布置了尺度适宜的棋牌室、洗衣房、保姆间、视听室、酒吧、酒窖、储藏间等多用途空间，这也是让业主觉得最为满意的地方。

对生活方式的尊重

整套案例以美式乡村风格为主，所以在选择主材以及家具陈设上面均以能纯粹表达材质质感的标准来执行，地下室壁炉的古堡石、酒窖原滋原味的红砖、做旧炭烧木吊顶，以及蜡牛皮的做旧沙发，都表达了浓浓的怀旧美式风格，值得一提的是地下室视听间的茶几，那是设计师专门为业主定制的铆钉做旧木箱茶几，上面印有泛黄的世界地图，代表着业主探索生活乐趣的足迹，是一件独一无二的艺术品。

格调至上

Style is the Supreme

项目名称：格调至上 / 项目地点：江西省南昌市 / 主案设计：翟中好 / 项目面积：500平方米

- 每层楼都有不同的感觉，但格调有联系
- 客厅以沙安娜大理石为主背景
- 餐厅以仿古砖地面、实木橱柜相结合

Pavel

本方案设计每层楼有不同的感觉，但格调要有联系。

风格定位为欧式田园风格，客厅以沙安娜大理石为主背景。餐厅以仿古砖地面、实木橱柜相结合。

空间氛围由暗色系的家具配合暖光源打造，呈现一种宁静、沉稳的感受。

美茵河谷

Main Valley

项目名称：美茵河谷 / 项目面积：660平方米

- 空间形式宽敞大气、极尽奢华
- 古典的家具布置形式庄重而温馨
- 米黄石材与精美的木作构成了温暖、舒适的氛围

本案设计师试图用现代欧式的设计语言，来表达别墅空间的舒适。空间被作为第一要素来表现。宽敞大气的空间形式极尽奢华，让人艳羡。设计师利用地台来丰富空间形式，在这里，设计师将开敞的空间布局演绎得十分完美。

为保障空间的连贯性与贯通感，吊顶中的木作划分出了会客空间。古典的家具布置形式庄重而温馨。楼梯间用四根柱子围合成了虚拟空间，既保障了安全性，又使空间格调完整统一。米黄石材与精美的木作构成了温暖、舒适的氛围。大小不等的白色柱子既丰富了空间形式，又表现出欧式古典文化的博大。白色的墙壁与顶棚一起，衬托出现代欧式家具与饰品的奢华与细腻。

森林别墅

Forest Lodge

项目名称：森林别墅 / 项目地点：上海闵行 / 项目面积：357-700平方米

- 白色和黑色与高级灰的搭配打造永恒的经典
- 空间挑空的形式让人神情愉悦而放松
- 各摆设、家具、灯饰和谐统一，营造舒适、祥和、精美空间氛围

本案设计师试图用现代设计语言和手法，来表现适合现代人使用的简约格调的空间氛围。白色和黑色与高级灰的搭配成为了永恒的经典。暖调的客厅空间让人放松与愉快。

在精致的水晶吊灯的笼罩下，木质地板、沙发、地毯以及台灯等共同营造了舒适、祥和、精美的空间氛围。挑空的空间形式让人神情愉悦而放松。在通行空间中，米黄的天然石材雅致而含蓄，同白色木作，暖灰的墙面以及窗帘一起，构成了舒适怡人的色调。精致的黑色铁艺护栏隽永而秀丽。为了适合中国人的生活习惯，原本长方形的餐桌改成了圆形，使这里成为家人交流与就餐的绝好场所。现代舒适的经典餐椅在空间中散发着迷人的魅力。主卧室丰富而不杂乱，这都来源于设计师的精心布置。花饰的金色镜框，骄傲地挂在墙面上，并成为了装点空间的一部分。

达观山

Resilient Mountain

- 饰品选取讲究，贴近自然
- 采光设置合理，窗外美景尽收眼底
- 色彩搭配和谐，体现质朴田园风

JAMES
PATTERSON

本项目周边自然环境优美，设计师尽量将室内设计与室外风景和谐统一，打造出舒适自然的田园风空间。

设计尤其注重饰品的选取，无论是客厅的大灯、墙壁的挂饰，还是地毯和抱枕上的绣花，都选取动物或花草图案，体现最自然最朴实的田园乡村感觉。

餐桌设置在两面大的落地窗前，使主人和客人们在用餐的同时能够欣赏窗外美丽的自然风光，营造舒适惬意的用餐氛围。各个卧室的设计，在满足舒适的前提下，尽量针对使用者的性格特点，打造他们心目中的理想空间。

湖中的香榭丽舍

Lake of the Champs Elysees

项目名称：湖中的香榭丽舍 / 项目地点：安徽马鞍山市 / 主案设计：陈熠 / 设计公司：北京东易日盛南京分公司 / 项目面积：500平方米

- 自然与美式风格相结合，既有乡村田园的惬意，又有质感的精致品位
- 每个空间都保留最大的采光通风条件，打造和谐交谈氛围
- 局部材质选取，打破一贯美式乡村风格的用材，让人耳目一新

依山傍水的优越地理环境，为本作品的营造出浓厚的度假情趣，业主也喜欢经常在家宴请宾客。因此本作品结合得天独厚的环境，将室内设计部分巧妙的与周围环境相结合，为业主营造出美式乡村的度假别墅。

无论是室内的哪个角落，都能体会到浓浓的美式乡村风情，例如壁炉旁怀旧的唱片机，哑口的独特造型等等。而本案中硬装部分的环境营造中做旧的部分并不是特别多，之前在与业主的沟通中了解到业主有自己的一些古董收藏，因此在做整体风格定位的时候就希望能结合周围的环境，将大自然的气息引入室内，再增添美式风格里精致的部分，让整体环境既有乡村田园的惬意，又有质感的精致品位。

由于业主经常在此宴请宾客，此地理位置又是依山傍水，所以每个空间都保留最大的采光通风条件，另外每个空间布局都有能让众人一起交谈沟通的理由。例如半敞开的厨房中央的岛台设计，不仅能让烹饪的人们一起交流经验，也能让坐在餐厅里的人看到和谐的气氛，在餐厅用餐结束后可以稍作休息一起聊聊

展示柜里业主的收藏以及外面的景色。而当大家一起围坐在壁炉旁时，放一张颇有纪念意义的老唱片，拉开窗帘，与好友们对着湖光山色畅谈。这一切的布局不仅宾主尽欢，也能让业主在这里有属于自己的度假意义。

由于美式乡村风格木质的厚重与仿古砖的做旧都会让人觉得环境颇为古老，因此在局部的材质选取上，打破了一贯美式乡村风格的用材，反而让人觉得耳目一新。例如客厅壁炉选用高光大理石铺贴，在颜色上与墙面的灰泥保持一致，虽然换了另一种材质但是也不觉得突兀；客厅与替他地方的错层关系选用铁艺的立柱而非木质，不仅不会加重整个空间环境的厚重感，反而让整体的品质有一个提高。

客厅的沙发没有选择全木质的而是选用高品质的皮质沙发。整体有古典雅致，也有时尚品味。

法式气质

City Garden

项目名称：法式气质 / 主案设计：张之鸿 / 设计公司：张之鸿空间设计事务所 / 项目面积：140平方米

- 使用温馨简单的颜色及朴素的家具，以人为本、尊重自然
- 室内细节严格按照西方古典建筑设计比例来制作
- 采用雅致布艺营造居室清新氛围

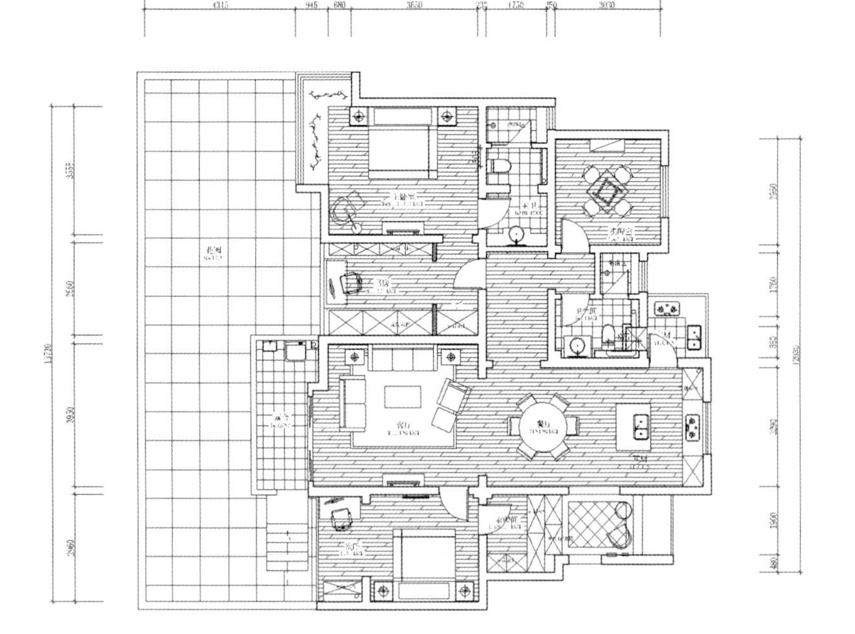

一层平面图

法式乡村风格完全使用温馨简单的颜色及朴素的家具，以人为本、尊重自然的传统思想为设计中心，使用令人备感亲切的设计因素，创造出如沐春风般的感官效果。属于自然风格系列。随意、自然、不造作的装修及摆设方式，营造出欧洲古典乡村居家生活的特质，设计重点在于拥有天然风味的装饰及大方不做作的搭配。

我们的轻法式田园之家少了一点美式田园的粗犷，少了一点英式田园的厚重和浓烈，多了一点大自然的清新，再多一点浪漫，体现了西方传统文化的优良建筑比例，经典又不失时尚，包含了西方的文化底蕴。严格按照西方古典建筑设计比例来制作室内细节。

根据业主的生活习惯，在145平方的空间里做成了中西双厨，西厨和餐厅、客厅在没有明显的隔阂，让空间看起来更大，每个房间都设置了单独的衣帽间。

居室氛围的营造，重要的是布艺的采用。比如，窗帘与沙发布艺应在颜色和质感上能搭对，如果同时沙发布艺能与墙面色彩遥相呼应，构成柔和曼妙的色彩对比，再加上合适颜色的家具，整个房间的颜色搭配就能达到既和谐又精彩的效果。一般来说和谐了容易显得平淡，而精彩了又容易色彩太亮或太重，产生视觉疲劳。由于纯正法式风格宫廷般繁复和大量的雕花细节不适合我们这样的中小户型，同时也没有强大的经济基础去选择法式家具。因此，我们去掉了法式风格中的这些复杂元素，保留相对清新单纯的一些痕迹。比如彩色的墙面、花朵、布艺和装饰画的大量运用等。这些都在卧室中得到很好的体现。

美式浪漫

American Romantic

项目名称：美式浪漫 / 项目地点：云南昆明 / 主案设计：罗玉立
项目面积：567平方米 / 主要材料：烤漆，葡萄木，综合材料

- 室内色彩以蓝色调为基础，清新素雅、贴近自然
- 平面布局整体大方，轻松优雅，体现出美式风格舒适、不拘小节的特点
- 强调饰品质地，营造独特自然气息

室内彩色的规划上以蓝色调为基础，在墙面与家具以及陈设品的色彩选择上，多以自然、怀旧、散发着质朴艺术气息为主。整体朴实、清新素雅、贴近大自然。山水图案的床品搭配柔软布料，使室内充满了自然和艺术的气息。从窗外洒落进来的明媚的阳光，在富有生命力的绿植的点缀下，给整个空间带来愉悦、充满活力的生活氛围。让身处其间的主人，感到由衷的舒适，满怀生活的愉悦。

平面布局整体大方，轻松优雅，体现出美式风格，舒适，不拘小节的特点。功能分区明确，将居住功能与社交功能适度隔离，既保障主人在居住空间里必要的良好的私密感受，又重点强调出别墅空间不同于一般公寓空间的社交与娱乐功能，让客户自由享受高端生活的美好。

强调面料的质地，运用手绘着大自然图案的墙纸，斗橱，布艺等饰品将居室营造出独特的自然气息，符合现代人的生活方式和习惯，再加上植栽等自然景物的搭配，使居住的人感受到轻松、舒适的身心享受和居住体验。以凸显主人追求简约自然环保的新时代的价值观与人生观。

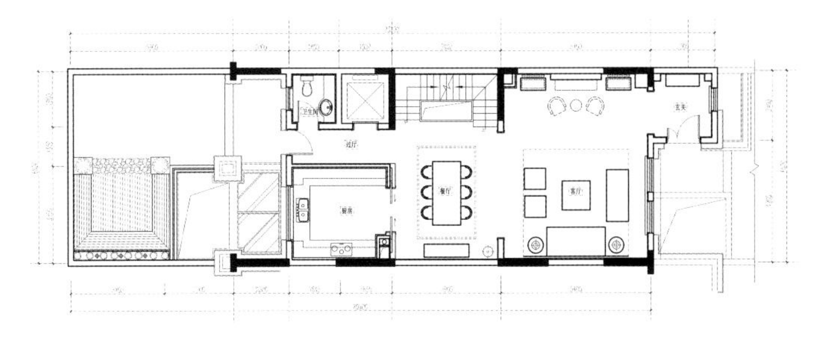

一层平面图

乡村地中海

Mediterranean Village

项目名称：乡村地中海 / 主案设计：施传峰、许娜 / 设计公司：福州宽北装饰设计有限公司
项目面积：105平方米 / 主要材料：楼兰陶瓷，百姓家具，西门子厨具，万事达灯具，大自然地板

- 综合运用地中海风格与美式乡村风格，打造浪漫不羁的独特韵味
- 精美别致的饰品元素，摹写出既饱含乡村风采又不失浪漫之姿的视觉变化
- 色彩运用以大地色为基调，展现古朴纯正自然风

紧凑却不拥挤、清爽怡人如阳光照进心房，是本案给人的初始印象。

105平方米的小复式结构内，不见新古典雍容奢华的踪影，也没有现代风格的简约硬冷，因为业主腻烦了奢华，殷切需要实用又有情调的风格设计，终于造就了它这般紧凑而温馨，浪漫又朴实的模样。

推门而至，穿过入户花园，餐厅、客厅串连成的公共区域，分别覆盖在不同的屋顶结构下，或挑空或填满，相迎材质与色彩的勾勒挥洒，表现出家中应有的舒适、典雅意境，考虑到餐厅与客厅的统一情境，因此在家具的选择上也以相同的一字型沙发作铺设，大地的颜色，如同经过量身定制一般连成一线，安静地躺在公共区域的一旁，刮起一阵阵质朴的旋风。

于此，设计师在这场域的构成上，还融合了一系列精美别致的饰品元素，如彩色琉璃灯、照片墙、金银铁金属器皿等等，摹写出既饱含乡村风采又不失浪漫之姿的视觉变化。

而后，设计师继续挥毫泼墨，利用地中海风格中极致经典与浪漫的拱门作为客厅与休闲区隔断的过渡，蜿蜒曲线凸显出的优美姿态连同砖头裸露一起，使得自然流动的美感得以流转全室。转至休闲区，被设计成坐拥室外景观的格局，大阔度开窗以渐变薄纱窗帘虚掩着，散落一地似有若无的朦胧之感，一套黑色铁艺锻造的几何桌椅，形体镂空多变，小巧精致的惹人爱怜，又为空间注入了活泼动感的元素。

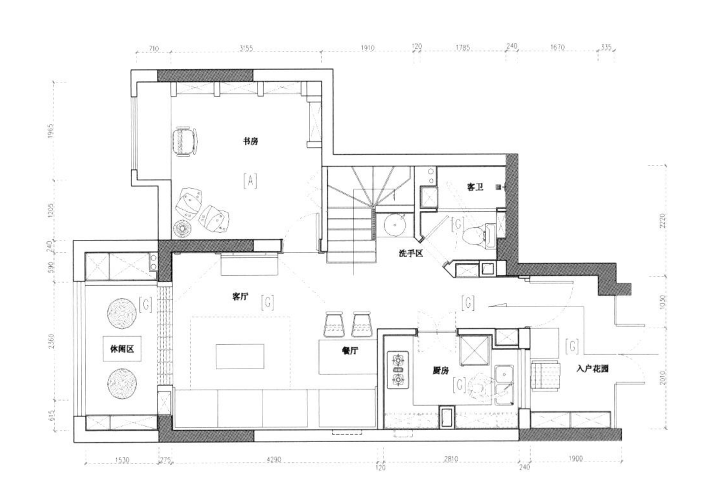
710
3155
1910
120
1785
240
1670
335
1965
1205
240
590
2360
615
2220
1030
2010
书房
[A]
客卫
洗手区
客厅
餐厅
厨房
休闲区
入户花园
1530
275
4290
120
2810
240
1900

一层平面图

新编
实用英汉大辞典

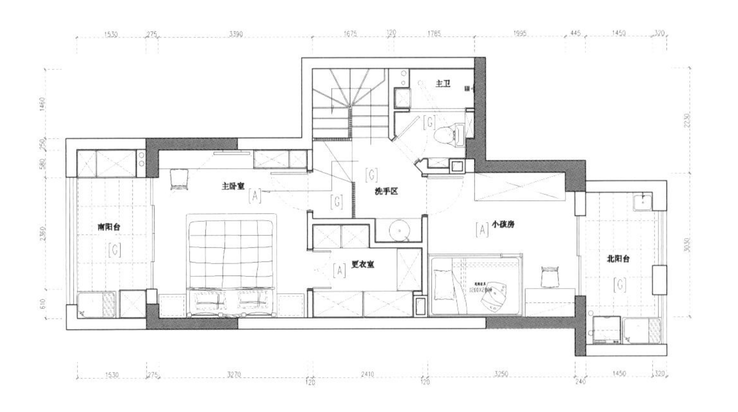
1530
275
3390
1675
120
1785
1995
445
1450
320
主卫
[G]
主卧室
[A]
[G]
洗手区
[G]
南阳台
[C]
小孩房
[A]
更衣室
[A]
北阳台
[G]
1460
250
580
2360
610
2230
3030
3270
2410
3250
240

二层平面图

美式新古典

American Neo-classical

项目名称：美式新古典 / 项目地点：四川广安 / 主案设计：田业涛
项目面积：1080平方米 / 主要材料：意高实木，美国本杰明乳胶漆，进口范思泽墙砖，马缇瓷砖，世尊家具，美克美家家具，科勒洁具

- 空间开敞，动线流畅
- 建筑格局清晰，功能明朗
- 常见材料，巧妙呈现；杜绝造作，自然生长

低碳环保，以人为本。如今的家庭装修越来越多的成为体现业主个性品味的标志，而正确的环保设计越来越得以重视。消费者无论是在购买装修材料还是在和设计师沟通时都特别重视绿色、环保。故而本案始终围绕“环保”、“低碳”展开设计。

挖掘风格元素，大胆创新融合。我们深谙混搭的精髓，在每一个房间挥洒新的灵感。美式、法式、新古典，各种风格被熟练糅合。

空间开敞，动线流畅。建筑背面是当地唯一的生态公园，空气清新，环境优雅，位置得天独厚，实为宜居之所。

建筑格局清晰，功能明朗，共分五层，其中负一层为娱乐休闲空间；一层为会客、餐饮及客房空间；二层为子女居住及休闲空间；三层为主人居住及休闲空间；四层为家庭休闲空间，楼层之间通过各层宽敞的转换休闲厅相连接，使之形成流畅的空间关系。

在色彩方面做了大胆的尝试，选择了淡雅柔和的浅色系来确定空间清新安详的基调，因为浓烈的色彩往往给人过强的视觉冲击，而混搭的几种风格的家具都以精雕细琢、镶花刻金为主，繁复的造型若再配上浓烈的色彩，会破坏掉美式基调的舒适与休闲感。装修选都材采用常见的材料，通过对材料的不同方法运用达到了不同的艺术效果，如：乳胶漆的抛光运用，实木的现场做旧处理，大理石的仿古表现等。

田野黄昏

Field at Dusk

项目名称：田野黄昏 / 项目地点：黑龙江省哈尔滨市 / 主案设计：陈立坚 / 项目面积：485平方米

- 空间全新规划，打造一个生活休憩的空间
- 石材地面搭配壁纸墙面，木作处理，体现细节的精致感
- 暖黄色为主色调，发挥了融合之美的观赏性

采用承载更多需求的美式田园风格设计。别墅共三层，建筑面积约为485平方米，主要布局空间如下：

一层（主要空间）：门廊、玄关、车库、餐厅、客厅、红酒雪茄区、中西厨结合的早餐区；二层（主要空间）：电梯前厅、视听室、父母房（带独立卫生间）、小孩房（带独立卫生间）；三层（主要空间）：电梯前厅、主人房、主人房独立衣帽间、主人房独立卫生间、书房。

房型结构很理想，只是将各功能空间进行调整，划出新的需求功能，红酒雪茄、早餐区及书房为新添加的区域。

硬装在色彩上以褐色为主，材料上选用石材地面，壁纸墙面，高分子角线及部分木作处理看似普通的材质要经过仔细筛选，包括每一个细节都要认真推敲，才能为整个设计的最终效果提供有效的保障，材料的选择至关重要，地面以暖黄色为主色调，在细节处理上在每一个生活休憩的空间充分发挥了融合之美的观赏性。地面材料和饰面上压以重色，让空间体现出厚重的层次感，细节决定效果。层次鲜明而不繁复，体现了美式田园风格设计风格，各个空间风格相统一，突显高雅奢华的一面。家具以其简洁、明晰的线条和得体有度的装饰相结合，简单流畅的线条，散发着田园风格特有的轻松自然。